Barbara Iland-Olschewski

Spielfilm
Dreh deinen Film

W0358719

Ravensburger Buchverlag

Klack!

Wenn die Filmklappe geschlagen wird, ist das Abenteuer Film schon in vollem Gang. Jetzt weiß das Filmteam, dass es ernst wird: Alle sind mucksmäuschenstill und der Regisseur gibt sein Kommando. Aber die Klappe kann noch einiges mehr ...

Warum eine Klappe?

Zunächst sorgt die **Klappe*** für Übersicht bei der Vielzahl der gedrehten Aufnahmen.

Außerdem kommt es vor, dass Bild und Ton getrennt aufgezeichnet werden oder man mit mehreren Kameras filmt. Dann hilft die Klappe, die Aufnahmen später im **Schnitt** genau aufeinanderzulegen. Dazu sucht der **Cutter**, also der Mitarbeiter, der den Filmschnitt macht, jeweils das Bild, auf dem die Klappe sich gerade schließt. Denselben Moment findet er in der Tonaufnahme, wo das *Klack!* der zuschlagenden Klappe beginnt.

* Die wichtigsten Begriffe des Buches werden im Wörterverzeichnis auf S. 46 erklärt.

An dieser Stelle bekommst du Tipps für deinen eigenen Spielfilm.

Wenn du keine Klappe zur Verfügung hast, beschrifte eine Pappe wie oben beschrieben mit Klebezetteln. Halte die Pappe vor die Kameralinse und lies die Nummern laut vor, damit du die Aufnahme später auch im Ton wiederfindest. Dann leg die Pappe weg und klatsche laut in die Hände. Das Aufeinandertreffen der Hände muss für die Kamera deutlich zu sehen sein, um im Schnitt Bild und Ton wieder aufeinander legen zu können.

Die Filmklappe

Damit die Filmklappe ihren Zweck erfüllen kann, werden auf ihr die wichtigsten Informationen genau notiert.

Szene, Einstellung und Nummer: Die Ziffern in diesen Feldern müssen vor jeder Aufnahme angepasst werden: Die Szenennummer findest du im Drehbuch.
Die Einstellungen sind Teile der Szenen, die jeweils am Stück gefilmt werden. Ihre Reihenfolge legen Regisseur und Kameramann gemeinsam fest. Jede Einstellung wird in der Regel mehrmals wiederholt und jeder Durchgang bekommt eine neue Nummer. Das ist die dritte Zahl auf der Klappe.
Hast du alle Aufnahmen auf diese Weise nummeriert, fällt es dir im Schnitt viel leichter, sie wiederzufinden.

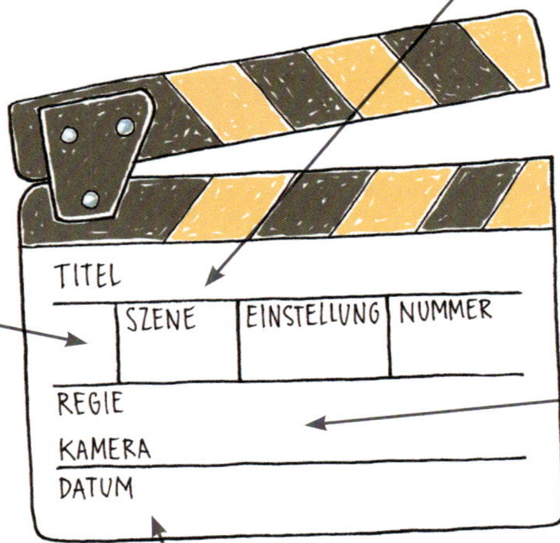

Titel: Falls du den endgültigen Filmtitel noch nicht weißt, trage einen vorläufigen Titel ein.

Regie und Kamera: In dieses Feld schreibst du den Namen des Regisseurs und des Kameramanns. In der Regel betreuen jeweils ein Regisseur und ein Kameramann den gesamten Film.

Datum: Das Datum wird zu Beginn des Drehtags auf den aktuellen Stand gebracht.

Fehlerwarnung! In diesen Kästen erhältst du Hinweise auf typische Fehler, die es zu vermeiden gilt.

In diesem Kasten erfährst du, welche spannenden Möglichkeiten professionelle Filmproduktionen zusätzlich haben.

Alles auf Anfang!

Weißt du schon, wovon dein Film handeln soll? Denkst du dir eine ganz neue Geschichte aus? Überlege im ersten Schritt, was für einen Film du drehen möchtest.

Die Genres

Filmgenres fassen verschiedene Arten von Spielfilmen zusammen:

Abenteuerfilme: Spannend und actionreich erzählen Abenteuerfilme von mutigen Helden, die kämpfen, um ihr Ziel zu erreichen. Das können Piraten sein, die einen Schatz suchen, Ritter oder ein Forscher mit Geheimauftrag … Hauptsache, sie sind echte Abenteurer.

Krimis: Ein Verbrechen soll aufgeklärt werden – von einem Kommissar, Detektiv oder einer Person, die dem Opfer nahesteht. Der Krimi lebt von Rätseln und Spannung: Was ist passiert? Wer hat das getan? Warum?

Fantasyfilme: In märchenhaften Welten mit Zauberwesen wie Drachen, Elfen und Magiern

Beobachte Menschen z. B. im Einkaufszentrum oder an der Bushaltestelle. Achte auf Aussehen, Kleidung und Bewegungen. Wer fällt dir auf? Warum? Mach dir Notizen. Später kannst du dir dazu eine Geschichte ausdenken: Wo kommt dieser Mensch her? Wo geht er als Nächstes hin? Was hat er vor?

bestehen die Helden viele Abenteuer. Böse Mächte wollen sie daran hindern und gute unterstützen sie.

Science-Fiction-Filme: Menschen besuchen weit entfernte Planeten und begegnen Außerirdischen, Roboter übernehmen die Macht … Dazu braucht es Technik aus der Zukunft und die gibt es in Science-Fiction-Filmen.

Western: Cowboys, Indianer, mutige Frauen und Männer, die ihr Farmland gegen Banditen verteidigen – das alles können Elemente eines Westerns sein.

Komödien: Lustige Figuren bringen die Zuschauer zum Lachen – z. B. weil sich eine Person in fremder Umgebung wiederfindet und dort alles falsch macht. Auch andere Genres können witzig erzählt werden, so gibt es auch Westernkomödien oder Liebeskomödien.

Liebesfilme: Hier geht es um große Gefühle … Zwei Menschen sind ineinander verliebt, aber Missverständnisse oder ihre Lebensumstände machen es ihnen schwer zusammenzukommen. Liebesgeschichten werden oft mit anderen Genres kombiniert.

Die Figuren
Jede Geschichte braucht einprägsame Figuren, die das Geschehen lebendig werden lassen. Sie dürfen Fehler haben, dadurch werden sie menschlicher und die Zuschauer können sich in ihnen wiedererkennen. Auf jeden Fall sollten sie neugierig machen und Fragen aufwerfen.

Szene eins, die Erste!

Das Drehbuch ist der Text, der als Grundlage für den Film dient. Alle, die am Film mitarbeiten, finden darin wichtige Informationen. Der Aufbau eines Drehbuchs folgt einigen Regeln.

Aufbau und Inhalt

Das Drehbuch enthält kurze Beschreibungen darüber, wo etwas geschieht, wer dabei ist und was genau passiert. Auch was die Filmfiguren sagen, steht Wort für Wort im Drehbuch. Nur wenn der Regisseur einverstanden ist, dürfen die Schauspieler diese Texte verändern.

Das Drehbuch ist bereits in Szenen unterteilt, also in kleinere zusammenhängende Einheiten. Der **Drehbuchautor** kann die Sprünge von einer Szene zur nächsten für Ortswechsel oder Zeitsprünge nutzen.

Regieanweisung: Die Regieanweisung beschreibt, was passiert, und nennt die beteiligten Figuren. Nicht nur die Schauspieler finden hier wichtige Hinweise für ihre Arbeit.

Szenennummer: Die Szenen im Drehbuch werden durchnummeriert – also mit den Ziffern 1, 2, 3, 4 … usw. versehen.

Szenenüberschrift: In der Szenenüberschrift steht, wo die Szene spielt, ob drinnen oder draußen (INNEN/AUSSEN), bei Tag oder bei Nacht.

```
24.      AUSSEN - BENS FARM - TAG

Cowboy Ben geht auf seine Hütte zu. Sein Mantel
ist schmutzig, und seine rechte Hand blutet.
Als er näherkommt, bemerkt Ben, dass die Tür
der Hütte einen Spalt weit offen steht. Er
schleicht heran und drückt sie ganz auf.
In dem Moment stürzt der junge Cowboy Jim
an ihm vorbei aus der Hütte.

                    BEN
          Hey! Jim! Bleib stehen!

Jim versucht zu fliehen. Doch Ben rennt
hinterher und kann Jims Arm packen.

                    BEN
                 (wütend)
          Was hast du hier zu suchen?

                    JIM
                (stammelt)
             Ich… wollte nur…

                    BEN
     Du hast in meinen Sachen rumgeschnüffelt,
     stimmt's? Wer hat dich geschickt? Los, raus
                  damit!
```

Rollenname: Der Rollenname gibt an, wer den folgenden Text spricht.

Anmerkungen: Unter dem Namen kann eine zusätzliche Anmerkung stehen.

Text: Hier steht, was die Schauspieler sagen.

Wie wird dein Film spannend?

Damit ein Film Erfolg hat, darf er die Zuschauer nicht langweilen. Dazu muss bereits im Drehbuch Spannung aufgebaut werden. Um das zu erreichen, haben Drehbuchautoren einige Tricks entwickelt: Lass gleich am Anfang etwas passieren, das einiges im Leben deiner Hauptfigur durcheinanderbringt. Gib ihr ein Ziel, das sie bis zum Ende des Films erreichen will: Der Cowboy will den Banditen finden, der sein Pferd gestohlen hat, ein Mädchen träumt davon, das Herz des süßesten Jungen der Schule zu gewinnen … oder der Held hat nichts Geringeres im Sinn als die Rettung der Welt.

Mach es deiner Hauptfigur schwer, lass sie Hindernisse überwinden und Abenteuer erleben. Erfinde einen starken Gegner. An ihm kann sich dein Held messen und beweisen, wie toll er ist.

Das Ende des Films darf noch einmal eine Überraschung bereithalten. Die Hauptfigur erreicht ihr Ziel (**Happy End**) oder scheitert. Manchmal bleibt auch offen, ob sie bekommt, was sie sich wünscht.

Das Exposé

Eine Vorstufe zum Drehbuch ist das **Exposé** – ein Text, der einen knappen Überblick darüber gibt, was im Film passiert. Ein Exposé gelingt, indem du drei Fragen beantwortest:

1. Wie lebt deine Hauptfigur und womit beginnt ihr Abenteuer?
2. Welche Aufgabe muss die Hauptfigur lösen und wer stellt sich ihr in den Weg?
3. Wie erreicht die Hauptfigur schließlich ihr Ziel oder woran scheitert sie?

Verfasse dein eigenes Drehbuch. Achte dabei besonders auf die Dialoge.

Hör genau zu, wenn Menschen miteinander reden. Sammle Lieblingszitate oder Sprechweisen: Gesprächsfetzen, die du aufschnappst und besonders lustig, ausgefallen oder typisch findest. Schreibe sie in ein Notizheft. Vielleicht kannst du sie in deinem Drehbuch verwenden.

Benutze ein Diktiergerät (z. B. in deinem Handy), um deine Drehbuch-Dialoge zu testen: Sprich sie laut ein und hör sie dir anschließend an. Klingen sie echt? Probiere andere Worte, Sätze und Betonungen aus, bis du mit dem Ergebnis zufrieden bist.

Dialoge

Das, was die Schauspieler im Film sagen, sollte möglichst echt klingen und zu ihren Filmfiguren passen. Jeder Mensch hat seine eigene Art zu sprechen – je nach Alter, Beruf, Herkunft … Zudem unterscheidet sich gesprochene Sprache von geschriebener: Man verwendet andere Ausdrücke, die Sprechenden machen Pausen, weil sie nach Worten suchen, und Sätze bleiben manchmal unvollständig.

Dein Film-Zombie hört sich an wie dein Mathelehrer? Dann solltest du dir die Drehbuch-Dialoge noch einmal vornehmen. Ein Cowboy spricht anders als ein Astronaut, eine Fee anders als ein Fußballtrainer …

Schauspieler gesucht!

Während in einem Dokumentarfilm echte Menschen in ihrer Umgebung gezeigt werden, arbeitest du im Spielfilm mit Schauspielern. Sie verkörpern die erfundenen Personen aus dem Drehbuch. Aber wo bekommst du gute Schauspieler her?

Casting-Aufruf

Die Auswahl eines Schauspielers aus mehreren Bewerbern nennt man **Casting**. Profi-Filmproduktionen arbeiten mit Casting-Agenturen zusammen: Der **Produzent** schickt das Drehbuch an einen Agenten und bespricht mit ihm, welche Rollen er besetzen möchte. Der Agent schlägt dann Schauspieler dafür vor. Casting-Agenturen kosten Geld. Aber es gibt andere Wege, um Schauspieler zu finden:

Habt ihr an der Schule eine Theatergruppe? Dann frag dort nach. Der Vorteil ist, dass die Mitglieder bereits Schauspiel-Erfahrung haben. Oder du hängst einen Casting-Aufruf ans

Halte die wichtigsten Informationen zu jedem Bewerber in einem Casting-Bogen fest.

Name:
Anschrift:
Alter:
Telefon:
Handy:
E-Mail:

Muss der Schauspieler für seine Rolle etwas Besonderes können (z. B. singen, reiten oder jonglieren)? Vielleicht hast du schon eine genaue Vorstellung, wie die Figur im Film aussehen soll. Leg dich nicht zu früh fest. Denke daran, dass man das Äußere durch die Maske (z. B. eine Perücke) und das Kostüm teilweise verändern kann.

Schwarze Brett. Schreibe neben dem Ort und dem Termin fürs Casting auch dazu, wen du suchst: Wie alt soll die Person sein? Männlich oder weiblich?

Probeaufnahmen
Beim Casting sprichst du mit jedem Bewerber einzeln. So merkst du gleich, ob ihr euch gut versteht.
Du kannst den Bewerber etwas aus dem Drehbuch vorlesen und vorspielen lassen.
Lass eine Kamera mitlaufen, denn im Film wirkt vieles anders. Die Aufnahmen helfen dir auch, falls du dich nicht sofort für einen Schauspieler entscheiden möchtest.

Aussehen:
Körpergröße:
Haarfarbe und -länge:
Augenfarbe:
Besondere Merkmale
(z. B. Zahnspange, Narben …):

Hobbys und besondere Fähigkeiten
(z. B. Gitarre spielen, Skateboard fahren, tanzen, Fremdsprachen, Dialekte …):

Foto

Zur nächsten Location!

Orte, an denen gefilmt wird, heißen Locations oder Drehorte. In großen Filmstudios können ganze Straßenzüge nachgebaut werden. Aber das ist aufwendig und teuer. Für deinen Film bieten sich Orte an, die es in deiner Nähe gibt. Du musst sie nur entdecken.

Geeignete Drehorte

Mehrere Dinge machen den perfekten Drehort aus:

– Er sieht ungefähr so aus, wie du ihn im Drehbuch beschrieben hast.
– Die Kamera findet dort schöne Motive und hat ausreichend Platz. Der Kameramann kann z. B. für einige Aufnahmen weit genug zurückgehen, ohne dass eine Wand ihn daran hindert.
– Im Idealfall gibt es einen extra Raum für Maske und Kostüm.
– Ihr habt dort einen Platz, wo ihr Pause machen könnt.
– Es gibt wenige Störungen und Nebengeräusche. Der Drehort sollte z. B. nicht direkt neben einer Baustelle liegen oder an einer stark befahrenen Straße, wo ihr den Dreh unterbrechen müsst, wenn ein Auto kommt.

Schreibe eine Liste der Locations, die du für deinen Film brauchst. Dann schnapp dir deine Fotokamera und geh los, um geeignete Drehorte zu suchen. **Achtung:** Du darfst nicht überall filmen. Frage den Besitzer des Grundstücks oder Gebäudes vorher um Erlaubnis.

Drinnen oder draußen

Im Drehbuch steht bereits, ob eine Szene im Freien spielt oder in einem Gebäude. Beides hat Vor- und Nachteile:

Innen	Außen
Der Drehort ist wetterunabhängig.	Bei Regen muss der Dreh möglicherweise abgebrochen werden.
Innenräume kannst du mit Lampen ausleuchten, aber dazu brauchst du Zeit und genügend Lampen.	Das Tageslicht kann sich verändern – durch Sonne, Wolken oder Tageszeit.
Störgeräusche werden durch geschlossene Fenster verringert.	Nebengeräusche von Autos oder Baustellen können die Tonaufnahmen stören.

Wenn plötzlicher Regen die Dreharbeiten im Freien unmöglich macht, überlege, ob die Szene auch drinnen spielen könnte: Vielleicht kann ein Gespräch zwischen zwei Menschen, die sich laut Drehbuch vor der Haustür treffen, auch im Treppenhaus stattfinden. Für die Geschichte macht das möglicherweise keinen Unterschied, erleichtert dir aber die Dreharbeiten.

EXTRA-WISSEN

Große Filmproduktionen arbeiten manchmal mit Blue Screen oder Green Screen, einem blauen oder grünen Hintergrund. Später wird alles, was im Filmbild blau oder grün ist, vom Computer ausgestanzt. Stattdessen wird dort z. B. eine Landschaft oder eine Stadt eingesetzt.

Die galaktische Zahnbürste, bitte!

Das Szenenbild dient dazu, ein passendes Umfeld für die Geschichte und ihre Figuren zu schaffen. Szenenbildner erfinden manchmal ganz neue Filmwelten. Dazu entwerfen sie Kulissen, wählen Drehorte aus und richten die Räume ein, in denen gefilmt wird.

Neue Welten

Das Szenenbild zeigt in jeder Einzelheit, wann und wo der Film spielt und wer dort lebt.
Ein echter Klassiker ist die TV-Serie Raumpatrouille Orion. Sie war 1966 die erste Science-Fiction-Serie im deutschen Fernsehen. Viele Alltagsgegenstände wurden darin umgedeutet – z. B. gibt es auf der Kommandobrücke des Raumschiffs ein Bügeleisen zur Steuerung der Maschinen und Wasserhähne als Mikrofone.

Überlege, welche Dinge du für deinen Film durch leichte Veränderungen „umdeuten" kannst. Mach den Kühlschrank zum Goldtresor und das Gartenhäuschen zur Cowboy-Ranch!

Requisiten

Alle Gegenstände im Film sind Teil des Szenenbilds und werden als **Requisiten** bezeichnet. Die Mitarbeiter, die sich um die Requisiten kümmern, heißen **Requisiteure**.
Vielleicht möchtest du für deinen Film einzelne Requisiten selbst entwerfen und bauen?

Wie in Raumpatrouille Orion kannst du auch Gegenstände verändern und ihnen eine neue Bedeutung geben. Flohmärkte sind ebenfalls eine tolle Fundgrube.

Modelle ganz groß

Wie schon beschrieben, benutzen Profis Computertricks, wenn es zu teuer oder zu aufwendig ist, den erforderlichen Hintergrund zu bauen oder das Filmen an echten Orten nicht möglich ist. Auch du kannst tricksen, ganz ohne Computer, und z. B. ein Schiffsunglück in der Badewanne filmen. Mit einem guten Schiffsmodell und dem richtigen Bildausschnitt ist das machbar. Es darf nur keinen Größenvergleich – wie mit dem Badewannenstöpsel – geben.

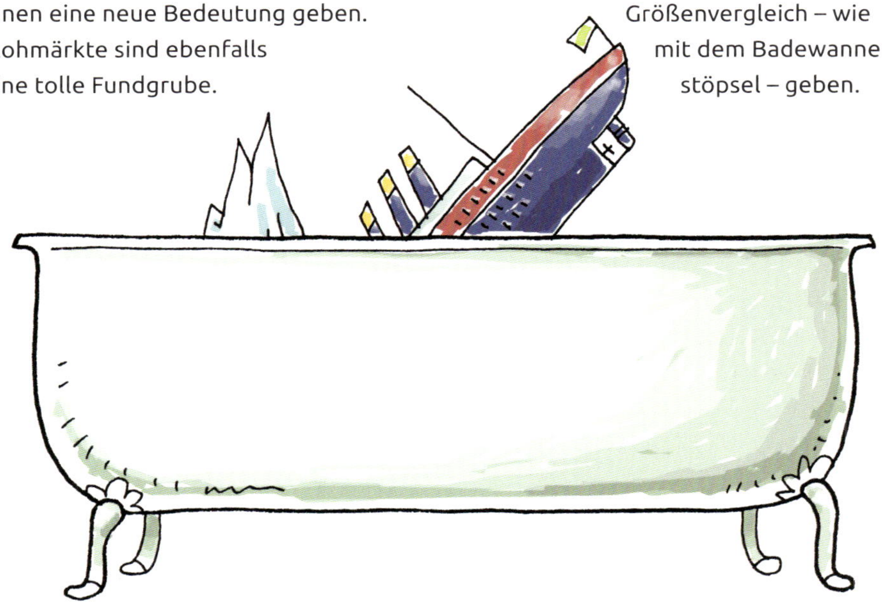

Vorsicht mit Uhren:
Eine moderne Armbanduhr am Handgelenk eines Ritters – das passt nicht zusammen! Auch Uhren in Räumen solltest du aus dem Bild nehmen. Denn im fertigen Film vergeht zwischen zwei Einstellungen vielleicht nur der Bruchteil einer Sekunde – aber die Uhr im Hintergrund zeigt plötzlich eine Stunde später an, weil das Filmteam zwischendrin Mittagspause gemacht hat!

Drehfertig machen!

Polizeiuniform, Cowboyhut oder Vampirzähne: Kostüm und Maske lassen oft auf den ersten Blick erkennen, wen ein Schauspieler darstellt und manchmal auch, um welches Filmgenre es sich handelt.

Kostüme

Das Kostüm ist die Kleidung, die ein Schauspieler im Film trägt. Je nach Drehbuch kann es sich dabei auch um ganz normale Alltagskleidung handeln. Vielleicht findest du in den Schränken von deinen Schauspielern, Freunden und Verwandten, was du brauchst. Sonst kannst du Kostüme selbst nähen oder ausleihen, z. B. bei Theatergruppen. Sie haben oft einen **Fundus**, also eine Sammlung von Kostümen.

Frische Wunden kannst du mit roter Lebensmittelfarbe und Zuckerrübensirup schminken. Tupfe etwas Sirup auf die Haut für die braunen Wundränder. Darauf kommt ein kleinerer Klecks Sirup, den du zuvor mit Lebensmittelfarbe rötlich eingefärbt hast. Zum Schluss gibst du einige Tropfen der Lebensmittelfarbe direkt aus der Tube oben drauf. Die klebrige „Wunde“ nicht mit Kleidungsstücken in Kontakt bringen!

Maske

Die **Maske** ist nicht nur das Make-up, das einen Schauspieler älter, schöner oder gruseliger macht. Auch Perücken und angeklebte Bärte können einen Menschen sehr verändern und zählen ebenso zur Maske wie geschminkte Wunden, schmutzige Gesichter, Schweißtropfen und angeklebte Hobbit-Ohren.

Kostüm- und Maskenprobe

Alle Schauspieler sollten bereits einige Tage vor dem Dreh die Kostüme anprobieren und die Masken sollten testweise geschminkt werden. Falls etwas nicht so aussieht, wie du es dir vorstellst, hast du so noch die Gelegenheit, es zu ändern.

EXTRA-WISSEN

Für Spezialeffekte fertigen Maskenbildner Abdrücke von Gesichtern und den Körpern von Schauspielern an. Die Abdrücke benutzen sie, um aus Modelliermasse falsche Wunden oder Gesichts- und Körperteile herzustellen. Diese werden so angepasst und angemalt, dass sie täuschend echt aussehen. Solche Maskenteile kommen gern bei Horrorfilmen mit Zombies und Vampiren zum Einsatz.

Achtung, wir drehen!

Mit einem Drehplan verschaffst du dir und allen Beteiligten einen Überblick über den Ablauf der Dreharbeiten. Denn aufgenommen werden die Szenen meist nicht in der Reihenfolge, die im Drehbuch steht.

Einen Drehplan erstellen

Der Drehplan ist eine Tabelle, die zeigt, was an welchem Tag wo gefilmt wird und wer daran beteiligt ist. Ihn zu erstellen, ist ähnlich wie das Lösen einer kniffligen Logikaufgabe. Du musst die Szenen auf die Drehtage verteilen und dabei mehrere Dinge beachten:

Zunächst ist es sinnvoll, alle Szenen, die am selben Ort spielen, hintereinander zu filmen. So sparst du viel Zeit, weil das Filmteam nicht zwischen den Drehorten hin und her fahren muss. Finde heraus, an welchen Tagen die Drehorte zur Verfügung stehen.

Schreibe für jeden Drehtag eine solche Tabelle und erweitere die Vorlage um so viele Felder, wie du brauchst.

Dann musst du einen gemeinsamen Termin für die Teammitglieder und alle Schauspieler finden, die in den jeweiligen Szenen vorkommen. Das ist umso einfacher, je weniger Leute beteiligt sind. Plane deine erste Filmproduktion daher nicht zu groß.
Manchmal gibt es auch Requisiten oder Kostüme, die du nur zu bestimmten Zeiten nutzen kannst – z. B. eine Ritterrüstung aus dem Kostümverleih, die du rechtzeitig zurückbringen musst.

Der Aufnahmeleiter
Der Drehplan gehört zu den Aufgaben des **Aufnahmeleiters**. Er kümmert sich auch darum, dass alle Beteiligten den Plan rechtzeitig als Kopie oder per E-Mail erhalten. Beim Dreh achtet er unter anderem auf die Sicherheit und sorgt z. B. für Absperrungen, damit keine Autos durchs **Set**, den Arbeitsplatz des Filmteams, fahren.
Wichtig: Pass gut auf, dass sich niemand in Gefahr begibt. Lasst Ausrüstungsgegenstände nicht im Weg herumliegen.

1. Drehtag: (Datum)

Szene Nr.	**Drehort Innen/Außen? Tag/Nacht?**	**Was passiert?**	**Schauspieler**	**Besonderes**
24	Bens Farm Außen/Tag	Ben erwischt Jim, der seine Hütte durchsucht hat.	Cowboy Ben Cowboy Jim	Maske: blutige Wunde an Bens Hand
27	…			

Technik-Check!

Ohne Technik geht nichts beim Film. Als Erstes brauchst du eine Kamera. Neben Camcordern, die extra zum Filmen da sind, haben auch Handys, Smartphones, Fotoapparate und Tablet-Computer Videokameras, mit denen du drehen kannst.

Mit der Kamera arbeiten

Eine einzige Kamera reicht auch bei Profi-Produktionen aus: Die Schauspieler spielen eine Szene mehrmals (oder Teile der Szene) und werden dabei nacheinander aus verschiedenen Blickwinkeln und in unterschiedlichen Bildausschnitten gefilmt.

Man kann aber auch mit mehreren Kameras gleichzeitig aufnehmen. Das bietet sich beispielsweise bei einem Gespräch zwischen zwei Menschen an: Auf jeden von ihnen ist dann eine Kamera gerichtet. Die Kameraleute müssen allerdings darauf achten, dass sie sich nicht gegenseitig im Bild haben. Später im Schnitt wechselt die Perspektive und man sieht einmal den einen und dann den anderen Schauspieler.

Eine oder zwei Handykameras genügen also zunächst und du kannst sofort loslegen. Am einfachsten ist es, wenn du im Kameramenü alles, was möglich ist, auf Automatik stellst (z. B. Belichtung, Weißabgleich, Schärfe). Probiere aber auch andere technische Einstellungen aus und mach Aufnahmen, um sie zu testen.

Akkus

Vergiss nicht, die Stromversorgung der Kamera zu sichern: Ist der Akku aufgeladen? Wenn möglich, nimm einen Ersatz-Akku mit, damit du ihn bei Bedarf wechseln kannst. Du willst die Aufnahmen ja nicht abbrechen müssen, weil die Kamera keinen Saft mehr hat.

Speicher

Außerdem brauchst du ausreichend Speicherplatz. Notfalls musst du Platz schaffen, indem du einige Aufnahmen auf den Computer überspielst und anschließend in der Kamera löschst.

EXTRA-WISSEN

Klassische Filmkameras speichern die Bilder nicht wie Videokameras, sondern nehmen sehr schnell viele einzelne Bilder auf einen Filmstreifen auf. Der Streifen ist an den Seiten gelocht, damit er in der Kamera weitertransportiert werden kann. Den Ton zeichnen diese Filmkameras nicht auf, er muss extra aufgenommen werden. Die Bilder solcher Kameras beeindrucken durch ihre hervorragende Qualität, deshalb sind Filmkameras auch heute noch manchmal bei großen Kinoproduktionen im Einsatz.

Stative

Bei langen, ruhigen Aufnahmen mit dem Camcorder hilft dir ein Stativ. Mit der Stativschraube wird die Kamera darauf befestigt. Auch für Smartphones gibt es verschiedene Halterungen. Falls du kein Stativ hast, kannst du dein Handy gegen einen Gegenstand oder an die Wand lehnen. Fixiere es mit etwas Klebeband. Sogenannte Schwebestative stehen nicht auf dem Boden, sondern hängen an einem speziellen Tragesystem oder werden vom Kameramann gehalten. Ein Gewicht unter der Kamera sorgt für Balance, sodass der Kameramann fließende Bewegungen damit machen kann, ohne dass die Bilder verwackeln. Wenn du eine ruhige Hand hast, kannst du die Kamera auch ohne Schwebestativ mit dem ganzen Körper bewegen: Drehe und beuge den Oberkörper mit der Kamera in deiner Hand, stehe langsam aus der Hocke auf oder gehe vor und zurück.

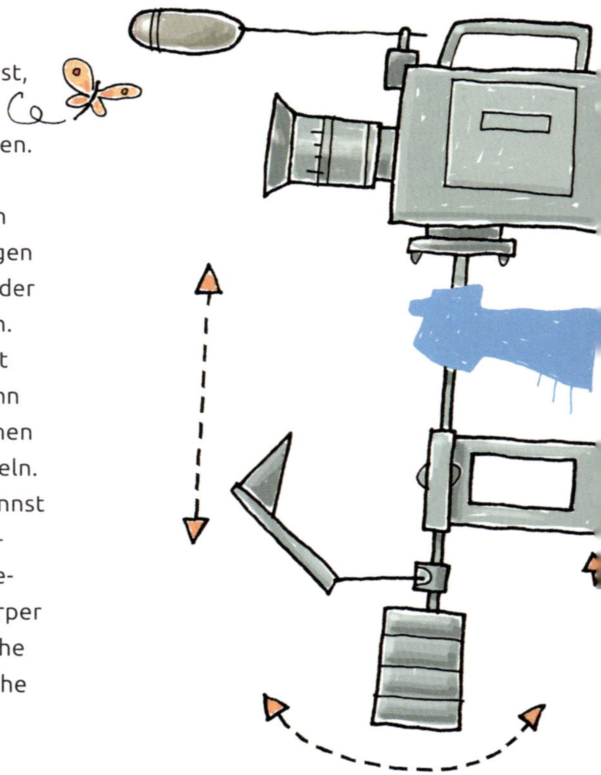

Mach dich mit der Bedienungsanleitung und den Funktionen deiner Kamera vertraut. Teste verschiedene technische Einstellungen. Sobald die Dreharbeiten beginnen, solltest du die Kamera perfekt beherrschen.

Ton

Den Ton kontrollierst du am besten mit einem Kopfhörer.
Beim Filmen konzentrierst du dich allerdings zunächst darauf, tolle Bilder zu machen. Deshalb schließt du den Kopfhörer lieber nach der Aufnahme an die Kamera an und spielst die gerade gefilmte Szene noch einmal ab: Sind die Schauspieler gut zu verstehen? Gibt es störende Nebengeräusche?
Manche Camcorder haben auch einen Anschluss für ein Extramikrofon. Das kann sinnvoll sein, wenn die Schauspieler weit entfernt vom Kameramikrofon stehen oder sich davon wegbewegen. Wenn deine Kamera einen solchen Anschluss hat und du ein Mikrofon besitzt, solltest du es gegebenenfalls beim Dreh einsetzen.

EXTRA-WISSEN

Professionelle Kamerasysteme machen besondere Kamerabewegungen möglich: Aufnahmen aus der Luft können beispielsweise mit einem Kamerakran gefilmt werden. Solche Kräne bewegen die Kamera ferngesteuert. Es gibt auch Seilsysteme, an denen eine Kamera über einen Drehort geführt werden kann. Will der Regisseur noch höher hinauf, braucht er einen Hubschrauber mit einer speziellen Kamera, die außen am Helikopter befestigt ist.

Und bitte!

Der Regisseur entwickelt eine Idee davon, wie der fertige Film aussehen soll. Seine Vorstellungen erklärt er dem Filmteam möglichst genau. Wer Regie führt, trifft viele Entscheidungen und hat eine Menge Verantwortung.

Die Aufgaben des Regisseurs

Der **Regisseur** beschäftigt sich schon lange vor Drehbeginn mit dem Drehbuch, damit er die Geschichte im Film auf seine Weise erzählen kann. In der Regel ist er an der Auswahl der Schauspieler beteiligt und gibt sein Einverständnis zu Drehorten, zum Szenenbild und zu den Kostümen. Er erklärt dem Kameramann, welche Bilder er sich vorstellt, und hilft den Schauspielern, sich in ihre Filmfiguren hineinzuversetzen. Bei den Dreharbeiten hat der Regisseur das Kommando. Er bestimmt, wie eine Szene gedreht wird. Allen Beteiligten gibt er letzte Anweisungen. Unterstützt wird er dabei von einem **Regieassistenten**.

Nach dem Dreh begleitet der Regisseur den Filmschnitt.

Regiekommandos

Während des Drehs gibt der Regisseur verschiedene Kommandos. Sie können auch vom Regieassistenten gerufen werden.

Sprecht zu Beginn der Dreharbeiten ab, welche Regie-Kommandos ihr verwenden möchtet, und probt den Ablauf einmal, bevor es losgeht.

Ton ab!
Wird der Ton getrennt aufgenommen, ist dies die Aufforderung, die Tonaufnahme zu starten.

Ruhe bitte!
So werden Schauspieler und Filmcrew ermahnt, sich bereitzuhalten.

Ton läuft!
Die Antwort kommt dann vom Tonmeister.

Kamera ab!
Dies ist die Aufforderung, die Kamera einzuschalten.

Kamera läuft!
Antwortet der Kameramann.

Elf, Eins, die Dritte!
Die Nummer auf der Klappe wird vorgelesen und die Klappe geschlagen.

Und bitte!
Nach diesen Worten des Regisseurs beginnen die Schauspieler mit ihrem Spiel.

Dahke!
Sagt der Regisseur, um die Aufnahme zu beenden.

EXTRA-WISSEN

Die einzelnen Szenen eines Films werden oft nicht in der Reihenfolge hintereinander gedreht, wie sie im Drehbuch stehen. Jede Szene wird in kleinere Einheiten unterteilt, die sogenannten Einstellungen. Deshalb ist die Arbeit des Continuitys (Continuity = etwas läuft lückenlos weiter) besonders wichtig. Das Continuity passt genau auf, dass bei Aufnahmen, die später im fertigen Film zusammengehören, alles stimmt: Steht der Schauspieler wieder an der richtigen Stelle? Hat er den Satz genau so gesagt? War sein Glas schon leer? Ein Continuity merkt sich auch, wo jeweils die Kamera stand. Bei der Tätigkeit helfen sorgfältige Notizen und Fotos.

Kamera ab!

Man kann eine Szene durchgehend filmen, ohne die Kamera zwischendrin zu stoppen. Meistens zerlegen Regisseur und Kameramann die Szene beim Dreh jedoch in mehrere Teile, die sogenannten „Einstellungen“.

Die Einstellungen

Für jede **Einstellung** wird der Bildausschnitt und die „Einstellungsgröße“ festgelegt. Die Kamera zeigt z. B. zunächst nur das Gesicht eines Mannes, der sich hektisch umsieht. In der nächsten Einstellung ist die Kamera dann weiter entfernt und man erkennt auch, was um die Person herum passiert – vielleicht wird der Mann verfolgt. Im Schnitt werden diese Einstellungen so aneinandergehängt, dass der Eindruck einer fortlaufenden Handlung entsteht.

Einstellungsgrößen

Die *Extreme Totale* zeigt eine weite Landschaft, in der die Personen winzig wirken. In einem Western kann das beispielsweise der Blick über die Prärie sein.

Wenn du dir das nächste Mal einen Film ansiehst, achte genau darauf, welche Bilder aufeinanderfolgen. Gibt es Einstellungen, die dir besonders gefallen? Welche kommen häufig vor, was ist ungewöhnlich und neu? Überlege, wie du solche besonderen Bilder auch in deinen Film einbauen kannst.

Die *Totale* gibt einen Überblick über den Schauplatz und die Menschen, die sich dort befinden. Zu sehen ist z. B. die Hauptstraße der Westernstadt, über die ein Bandit auf seinem Pferd langsam näher kommt … Wie die Extreme Totale kann sie benutzt werden, um den Zuschauern einen neuen Handlungsort vorzustellen.

Ein mutiger Cowboy tritt als Einziger unerschrocken aus dem Saloon, um sich dem Banditen in den Weg zu stellen. Die *Halbtotale* zeigt den Cowboy vom Kopf bis zu den Füßen.

Die *Halbnahe* nimmt den Cowboy vom Kopf bis zur Hüfte ins Bild. Man erkennt sein Gesicht und auch seine Hände gut. Die *Amerikanische Einstellung* wurde für den Western erfunden: Wenn zwei Cowboys sich duellieren, ist es spannend, ihre Revolverhalfter zu beobachten. Darum reicht die Amerikanische hinab bis zu den Knien.

Die *Nahaufnahme* zeigt Kopf, Schultern und den Oberkörper bis zur Brust. Der Gesichtsausdruck kann genau verfolgt werden, auch die Körperhaltung spielt eine Rolle.

Bei der *Großaufnahme* ist nur der Kopf des Cowboys groß im Bild. Jede Regung ist erkennbar, jeder Schweißtropfen sichtbar.

In der *Detailaufnahme* werden Einzelheiten übergroß gefilmt, z. B. das Auge des Cowboys, der die Gefahr – nämlich den Banditen – kommen sieht.

Bei einem Foto hast du die Wahl, ob du es hochkant oder im Querformat aufnimmst. Beim Filmen dagegen gilt: Nie hochkant aufnehmen! Das übliche Kinobild hat ein breites Querformat.

Ausgefallene Perspektiven

Mit der Wahl einer Einstellungsgröße ist es noch nicht getan: Nun gibt es weitere Möglichkeiten, um das Bild interessant zu machen – beispielsweise durch einen besonderen Blickwinkel der Kamera.

Untersichtig und *aufsichtig* filmen: Wenn man jemanden von weit unten aufnimmt (untersichtig), sieht er größer und bedrohlicher aus. Die umgekehrte Wirkung erzielt man mit einer Aufnahme von oben (aufsichtig).
In einer Totalen kann eine aufsichtige Perspektive zudem einen Überblick über ein Geschehen liefern.

Beim *Point-of-View* (englisch für „Sichtweise") scheint die Kamera durch die Augen der Filmfigur zu schauen. Die Kamera zeigt etwas so, wie die Filmfigur es sieht.

Bei der Perspektive *Over-Shoulder* (englisch für „über die Schulter") steht die Kamera hinter einer Person und blickt ihr über die Schulter. Ein Stück von Kopf und Schulter der Person sind am Bildrand erkennbar.

Bewegte Kamera und Zoom

In einer Einstellung kann die Kamera auch bewegt oder gezoomt werden. Dadurch ändert sich der Bildausschnitt.

Beim *Schwenk* bleibt die Kamera an ihrem Platz und wird von einer Seite zur anderen gedreht. Der Schwenk kann auch von oben nach unten und umgekehrt oder diagonal ausgeführt werden. Oft werden Schwenks eingesetzt, um einen Raum zu zeigen oder z. B. ein Auto zu verfolgen.

Bei einer *Fahrt* wird die Kamera von ihrem Platz weg bewegt, z. B. auf Schienen mit einem Kamerawagen. Sie kann auf einen Gegenstand, Ort oder eine Person zufahren, von etwas oder jemandem wegfahren, ihn verfolgen oder begleiten.

Übe Schwenks, bis du sie ohne Ruckeln ausführen kannst. Teste mit einem Freund, ob sich z. B. dein Schreibtischstuhl mit Rollen, dein Fahrrad oder dein Skateboard für Kamerafahrten nutzen lässt. Dabei hält einer von euch die Kamera und der andere schiebt.

Beim *Zoom* bleibt die Position der Kamera unverändert. Die Änderung des Bildausschnitts erfolgt durch die Kameratechnik. Es kann z. B. spannend sein, ein wichtiges Detail heranzuzoomen, um zu zeigen, dass der Filmheld es gerade in diesem Moment wahrnimmt.

Verfolgungsjagd

Am Ende des Schwenks steht plötzlich jemand aus dem Filmteam im Bild! Um das zu verhindern, probt alle Kamerabewegungen vorher und legt genau fest, wo sich die Teammitglieder aufhalten dürfen.

Zwischenschnitte

Zwischenschnitte sind Aufnahmen von Einzelheiten – wie ein Gegenstand, der eine bestimmte Bedeutung hat, oder eine Hand, die nervös zuckt. Sie machen die Szene abwechslungsreicher und helfen bei der Nachbearbeitung im Schnitt (s. Seite 38), langweilige Stellen zu verkürzen: Ein Cowboy betritt den Saloon und steuert die Bar an. Um nicht seinen kompletten Gang durch den Raum zeigen zu müssen, lässt man ihn zwei Schritte gehen und schneidet dann z. B. auf ein Glas Milch, das schon auf der Theke für ihn bereitsteht. Dann schneidet man zurück auf den Cowboy, der mit seinem nächsten Schritt die Bar erreicht.

Nimm immer ausreichend Zwischenschnitte auf und lass die Kamera dabei mindestens zehn Sekunden lang laufen, damit du genug Material hast.

Bewegungsrichtung

Stell dir die Totale von einer Westernstadt vor. Ein Cowboy geht auf den Saloon zu. Er läuft von links nach rechts durchs Bild.

Schnitt in die Halbnahe: Die Kamera zeigt den Cowboy vom Kopf bis zur Hüfte und er setzt seinen Weg fort. Aber nun geht er scheinbar in die entgegengesetzte Richtung, nämlich von rechts nach links. Dabei hat er sich nicht umgedreht, sondern steuert noch immer auf den Saloon zu.

Was ist passiert? Die Kamera hat den Cowboy in der zweiten Einstellung von der anderen Seite gefilmt. Man nennt das einen **Achsensprung**.

Einen Achsensprung solltest du unbedingt vermeiden, um die Zuschauer nicht zu verwirren. Verändere jeweils den Winkel, aus dem die Kamera jemanden filmt, bleib aber auf der gleichen Seite der Person.

Sieh dir eine Talkshow an und achte auf die Blickrichtungen der Beteiligten. Wie verändern sie sich im Verlauf des Gesprächs und in unterschiedlichen Kameraeinstellungen?

Schuss und Gegenschuss

Was wie ein Duell zwischen zwei Cowboys klingt, ist tatsächlich eine Technik, um zwei Menschen im Gespräch zu zeigen. Dabei wechseln sich zwei Einstellungen ab: Der eine Bildausschnitt zeigt die eine Person und der zweite ihr Gegenüber.

Blickrichtungen

Achte auf die Blickrichtungen, wenn du zwei Menschen filmst, die miteinander sprechen: Selbst wenn jeweils nur einer von ihnen im Bild ist, muss stets der Eindruck entstehen, dass sie einander ansehen. Der eine blickt nach links und der andere nach rechts.

Die Blickrichtung darf sich nur ändern, wenn der Zuschauer es mitbekommt. Das ist beispielsweise der Fall, wenn die Kamera filmend um eine Person herumgeht oder die gefilmte Person sich im Bild umdreht.

Nächste Einstellung!

Der Regisseur überlegt sich vor Drehbeginn genau, wie er eine Szene auflösen möchte, also aus welchen Kameraeinstellungen er sie später im Schnitt zusammensetzen will. Dabei hilft ihm ein gezeichnetes Storyboard.

Dein Film als Comic

Das **Storyboard** sieht ähnlich wie ein Comic aus. Keine Angst, du musst dafür nicht perfekt zeichnen können. Strichmännchen genügen, um festzuhalten, welchen Bildausschnitt (Wer oder was ist zu sehen? In welcher Einstellungsgröße?) und welche Perspektive du meinst. So kannst du auf dem Papier ausprobieren, wie eine Schnittfolge – also eine Abfolge von Einstellungen – später im Film aussehen wird. Und du kannst dem Kameramann genau zeigen, was du dir vorstellst.

Sieh dir den Drehbuchausschnitt auf Seite 7 noch einmal an und zeichne das Storyboard zu Ende. Erstelle ein Storyboard für deinen eigenen Film.

Cowboy Ben geht auf seine Hütte zu.

Er kommt näher. Sein Mantel ist schmutzig.

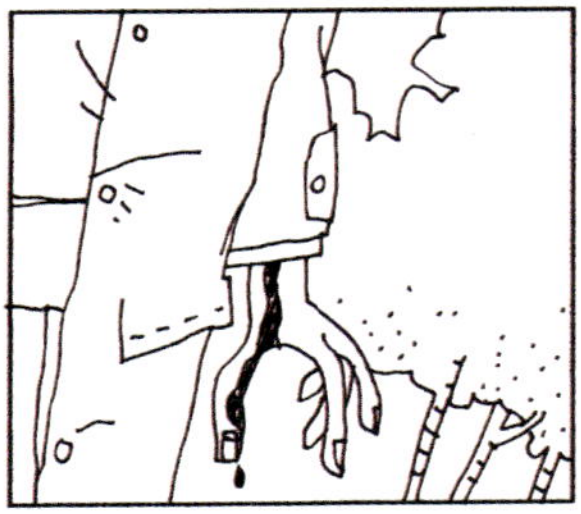

Bens rechte Hand blutet.

Ben starrt zur Hütte: Da stimmt doch was nicht … !

Die Tür der Hütte steht einen Spalt weit offen.

Mehr Licht!

Licht wird im Film ganz bewusst eingesetzt, um bestimmte Stimmungen zu erzeugen. Zunächst aber ist ausreichend Licht nötig, damit die Kamera überhaupt etwas aufnehmen kann.

Ein Set ausleuchten
Im Freien reicht das Tageslicht meist aus. Wenn in geschlossenen Räumen nicht genügend Licht zum Filmen vorhanden ist, setze alle Lampen ein, die am Drehort sind: Strahler und Schreibtischlampen lassen sich z. B. auf bestimmte Bereiche im Raum, einen Gegenstand oder eine Person richten. So ein direktes Licht erzeugt allerdings harte Schatten. Die Schatten fallen weicher, wenn du die Lampe auf eine weiße Wand oder Zimmerdecke richtest, von der das Licht auf die Szene abstrahlt.
Filme nicht in Richtung der Lichtquelle. Der Vordergrund wird bei Gegenlicht sehr dunkel. Das Licht sollte ungefähr in dieselbe Richtung fallen, in die auch die Kamera filmt.

Teste die Wirkung von verschiedenen Beleuchtungen. Tipp: Manche Lampen werden sehr heiß, darum schalte sie aus und lass sie abkühlen, bevor du sie einrichtest. Stell sie nicht zu dicht an eine Wand oder einen Gegenstand.

Verschiedene Lichtquellen (z. B. Tageslicht, Energiesparbirnen, Kerzen) haben unterschiedliche Farbstiche. Stell den **Weißabgleich** in deiner Kamera auf Automatik, damit eine weiße Wand trotzdem weiß aussieht.

Lichtstimmungen

Hast du dich schon mal erschreckt, weil nachts schwarze Schatten über die Wände gehuscht sind? Solche Stimmungen kannst du selbst erzeugen: Gruselig wirken z. B. die Lichter von Taschenlampen in einem dunklen Keller. Ein Raum in grellem Neonlicht erscheint dagegen kalt und feindselig. Und wenn ein Hut einen Schatten über die Augen seines Trägers wirft, kann das geheimnisvoll oder bedrohlich aussehen: Was hat der Kerl vor?

Wo kommt der Schatten her? Mitarbeiter aus dem Filmteam oder Ausrüstungsgegenstände, die vor Lampen stehen, können unbeabsichtigt störende Schatten ins Set werfen. Entweder müssen die Teammitglieder eine andere Position finden oder ihr stellt die Lampen anders auf.

Ruhe bitte!

Ein Filmheld kann die tollsten Reden halten – wenn die Zuschauer ihn nicht verstehen, wird es ihnen schwerfallen, der Handlung zu folgen. Gute Tonaufnahmen sind daher genauso entscheidend für einen gelungenen Film wie schöne Bilder.

Das Kameramikrofon

Digitale Kameras nehmen alle Töne gleichzeitig mit den Bildern auf. Dafür sorgt ein eingebautes Mikrofon.
Wenn die Schauspieler allerdings zu weit davon weg stehen, kann es sein, dass Nebengeräusche lauter aufgezeichnet werden als die Sprache der Schauspieler. Was tun?
Es gibt verschiedene Möglichkeiten, trotzdem gute Tonaufnahmen zu bekommen.

Mach Probeaufnahmen, um das eingebaute Mikrofon deiner Kamera zu testen: Wie nah müssen die Schauspieler herangehen, damit ihre Sprache verständlich aufgezeichnet wird?

Töne angeln

Hast du einen Camcorder mit der Möglichkeit, ein Mikrofon anzuschließen? Dann kannst du den Ton mithilfe einer Tonangel einfangen. Das ist ein langer Stab, an dessen Ende das Mikrofon befestigt ist.

Nimm eine Stange, wickle das Mikrofonkabel drum herum und fixiere das Mikrofon am Ende mit Klebeband. Die Angel wird von einem Mitarbeiter, dem Tonassistenten oder Tonangler, immer über den Schauspieler gehalten, der spricht.

Töne getrennt aufnehmen

Profiproduktionen verstecken manchmal kleine Funkmikrofone in der Kleidung oder am Körper der Schauspieler. Diese funken die Töne zur Kamera.

Du kannst stattdessen ein Handy am Schauspieler verstecken und den Ton damit getrennt von der Kamera aufzeichnen: Starte die Aufnahme des Handys und verberge es z. B. in einer Brusttasche oder mit Klebeband unter der Kleidung. Achte darauf, dass die Kleidung nicht raschelt. Später wird der Ton am Computer zum Bild der Kamera hinzugefügt.

Wenn du gleichzeitig mit mehreren Kameras filmst, entscheidest du dich für den besten Ton und legst die Bilder der anderen Kameras am Computer daran an.

Das Töneanlegen ist allerdings etwas für Fortgeschrittene. Bevor du diese Möglichkeiten wählst, probiere aus, ob du mit deinem Schnittprogramm (s. Seite 38) leicht Töne zu den Bildern hinzufügen kannst.

Das passiert auch Profis: Für Sekunden ragt am oberen Rand das Mikrofon an der Angel ins Bild. Am besten ist es, die Aufnahme beim Dreh sofort abzubrechen, die Position des Mikrofons zu korrigieren und neu zu starten.

Cut!

Erst im Schnitt wird aus den vielen Videoschnipseln, die du aufgenommen hast, ein Film. Du wählst Aufnahmen aus, gibst ihnen die passende Länge und richtige Reihenfolge und erzählst mit den Bildern und Tönen eine zusammenhängende Geschichte.

Das Schnittprogramm

Für den Schnitt brauchst du einen Computer mit einem Videoschnitt-Programm. Oft ist so ein Programm schon auf dem Computer vorinstalliert.
Lerne zunächst dein Schnittprogramm kennen – am besten indem du jemanden, der schon damit gearbeitet hat, um Hilfe bittest.

Der Rohschnitt

Zuerst musst du die Aufnahmen von der Kamera auf den Computer übertragen. Du suchst die besten Aufnahmen aus und lädst sie in das Programm.
Nimm dann das Drehbuch zu Hilfe und füge die Videoschnipsel in der entsprechenden Reihenfolge aneinander. Achte darauf, dass die Dialoge voll-

Kostenlose Schnittprogramme gibt es z. B. von den Firmen Microsoft und Apple:
www.windows.microsoft.com/de-de/windows-live/movie-maker oder **www.apple.com/de/mac/imovie**
Lade nichts aus dem Internet herunter, ohne vorher einen Erwachsenen zu fragen.

ständig sind. Beim Schneiden kannst du noch viel gestalten. Hier bestimmst du, ob eine Szene schnell erzählt werden soll, indem sehr viele Einstellungen aufeinanderfolgen, oder langsamer, indem jede Einstellung etwas länger gezeigt wird. Jetzt musst du auch entscheiden, wo du welche deiner Aufnahmen einsetzt, um den größtmöglichen Effekt beim Zuschauer zu erzielen. Eine Detailaufnahme wie das fiese Grinsen des Bösewichts kann jetzt wirkungsvoll an eine ganz bestimmte Stelle geschnitten werden.

Feinschnitt

Anschließend folgt die Feinarbeit. Hier kannst du beispielsweise Pausen herausschneiden, damit dein Film mehr Tempo bekommt. Manchmal sind die Anschlussstellen noch etwas holprig, gerade wenn du in einem Bewegungsablauf schneidest. Stell dir folgende Szene vor: Der Filmheld, unser Cowboy, hört das Klappern von Pferdehufen hinter seinem Rücken. Überrascht dreht er sich um … In seiner Drehung schneidest du in eine andere Einstellung, die das Gesicht des Cowboys zeigt. Damit seine Bewegung nicht ruckelt, musst du genau die richtige Stelle für den Schnitt finden. Aber mit etwas Ausprobieren hast du den Dreh sicher bald raus.

EXTRA-WISSEN

Früher wurden tatsächlich Filmstreifen zerschnitten und neu zusammengeklebt. Heute wird der Film am Computer zusammengesetzt. Eine andere Bezeichnung für den Filmschnitt ist „Montage". Das bedeutet, etwas aus mehreren Teilen zusammenbauen. Der Mitarbeiter, der den Filmschnitt ausführt, wird in Deutschland „Cutter" genannt – abgeleitet vom englischen Wort „cut" (sprich: katt), also „schneiden". Im Englischen heißt der Mitarbeiter aber gar nicht „Cutter", sondern „Editor".

Bild-Effekte

Schnittprogramme bieten Effekte an, um Videoaufnahmen nachträglich zu verändern: Man kann die Farben und Helligkeiten von Bildern beeinflussen und Aufnahmen dadurch aneinander angleichen. Andere Farbeffekte sind dazu da, dem Film ein besonderes Aussehen zu geben, ihn z. B. in einen Schwarz-Weiß-Film zu verwandeln. Verschiedene Blenden ermöglichen es, fließende Übergänge zwischen einzelnen Szenen zu schaffen.

Setze Effekte nur ein, wenn sie zu einer Verbesserung der Bildqualität führen oder wenn es für deine Geschichte sinnvoll ist.

Noch mehr Spannung

Auch die Nachbearbeitung soll dazu beitragen, dass der fertige Film die Zuschauer fesselt. Dafür gibt es verschiedene Techniken.

Beispielsweise kann die Geschwindigkeit, mit der eine Aufnahme abgespielt wird, verändert werden. Wird sie verlangsamt, so erhält man eine Zeitlupe. Zeitlupen kennst du aus Sportübertragungen. Im Spielfilm kann damit ein spannender Moment noch länger ausgedehnt werden.

Das Gegenteil, also eine schnellere Abspielgeschwindigkeit, erzeugt einen Zeitraffer. Hierdurch wird das Tempo erhöht.

Auch die Reihenfolge der Szenen kann im Schnitt noch einmal neu bestimmt

Wenn der Rohschnitt fertig ist, setze dich an den Feinschnitt. Bring die einzelnen Videoschnipsel in die richtige Länge und probiere verschiedene Bild-Effekte aus.

werden. Wenn zwei Dinge an verschiedenen Orten zur gleichen Zeit passieren, hat der Cutter die Möglichkeit, die beiden Szenen hintereinanderzuschneiden. Er kann die Ereignisse aber auch in einer sogenannten Parallelmontage abwechselnd erzählen. Dazu schneidet er mehrmals zwischen den Szenen hin und her. Das macht die Geschichte oft noch spannungsvoller und abwechslungsreicher.

Bilder und Töne

Im Profischnitt wird auch die Tonspur bearbeitet: Sind alle Tonschnipsel etwa gleich laut? Gibt es störende Geräusche, die herausgeschnitten werden können? Manchmal ist es schön, wenn der Ton schon vor dem Bild einsetzt. Der Film-Cowboy blickt auf und sagt: „Da bist du ja endlich!" Im Ton hört man bereits das Wiehern eines Pferdes. Erst dann wird in die nächste Einstellung umgeschnitten, in der man Pferd und Reiter sieht. So etwas wirkt spannend und kann im Schnitt umgesetzt werden.

Z E i T L U P E

Erbse!

EXTRA-WISSEN

VFX steht für „visuelle Effekte", die das Filmbild verändern. Beispielsweise können echte Aufnahmen in der Nachbearbeitung mit Bildern zusammengefügt werden, die am Computer entstanden sind – wie Landschaften und Gebäude, Tiere oder Monster. Man braucht dazu sehr leistungsstarke Computer, die eine Menge rechnen müssen. Auch Fehler in den echten Aufnahmen – wie die moderne Uhr am Arm eines Ritters – lassen sich damit nachträglich aus dem Film entfernen. Die beschriebene Blue-/Green-Screen-Technik (s. Seite 13) zählt ebenfalls zu den visuellen Effekten.

Ton ab!

Zum Schluss kannst du deinen Film mit Musik und Geräuschen versehen. Sie geben den Bildern eine besondere Atmosphäre, können die Spannung steigern und den Eindruck von einer Szene komplett verändern.

Musik

Beherrschst du ein Instrument? Dann kannst du die Musik zu deinem Film selbst einspielen. Lass dazu eine Szene immer wieder laufen. Passend zum Filmgeschehen wirst du schneller oder langsamer, leiser oder lauter.
Natürlich kannst du auch fertige Musik einsetzen. Wenn du den Film nicht nur deiner Familie und Freunden zeigen möchtest, sondern auch einem größeren Publikum, darfst du aber nicht jedes Musikstück kostenlos verwenden. Es gibt jedoch Künstler, die ihre Musik als sogenannte „Creative Commons" (englisch für „Schöpferisches Allgemeingut") unter bestimmten Bedingungen kostenfrei zur Verfügung stellen. Zum Beispiel wollen sie im Abspann

Sieh dir dieselbe Filmszene immer wieder an und lass jedes Mal eine andere Musik dazu laufen: Wie verändert sich die Wirkung der Bilder?
Stell dir ein Sound-Archiv zusammen, indem du Geräusche in deiner Umgebung aufnimmst und auf dem Computer speicherst.

genannt werden und du darfst mit deinem Film kein Geld verdienen. Solche Musik findest du unter:

dig.ccmixter.org

Was die Künstler im Gegenzug erwarten, zeigen Symbole neben den Titeln. Die Seite ist in englischer Sprache, lass dir von einem Erwachsenen helfen.

Geräusche

Stell dir vor: Die Filmheldin hört plötzlich Schritte auf dem Flur und erschrickt. Solche Geräusche sind wichtig für die Geschichte und müssen gut zu hören sein. Sie können nachträglich im Schnitt hinzugefügt werden. Eine deutschsprachige Internetseite mit kostenlosen Geräuschen ist

www.hoerspielbox.de

Natürlich kannst du die Geräusche auch selbst machen und aufnehmen.

Du hast die Musik schon beim Filmen im Hintergrund laufen lassen? Dann bekommst du in der Nachbearbeitung ein Problem, denn mit jedem Schnitt springt die Musik. Füge die Musik besser immer erst im Schnitt hinzu. Du kannst sie unter die fertig geschnittenen Szenen legen oder die Bildschnitte sogar im Rhythmus der Musik setzen.

Film ab!

Ein Film wird für die Zuschauer gemacht: In großen Filmpremieren mit viel Show und rotem Teppich stellen die Stars ihre neuen Werke vor. Aber wie findet dein Film sein Publikum?

Testvorführung

Zunächst kannst du bei einer Vorführung zu Hause, vor Freunden und deiner Familie, testen, wie dein Film ankommt. Verfolgen die Zuschauer die Geschichte gespannt? Lachen sie an den richtigen Stellen?
Falls nicht, solltest du den Film im Schnitt noch mal nachbessern. Auch Profis veranstalten solche **Testvorführungen** vor ausgewähltem Publikum.

Internet

Im Internet gibt es Plattformen, auf denen man Filme hochladen kann, um sie anderen zu zeigen. Die bekannteste ist YouTube. Alle Beteiligten vor und hinter der Kamera müssen aber mit der Veröffentlichung einverstanden sein. Wie das Hochladen eigener Filme funktioniert, wird auf der Internetseite erklärt. Bitte einen Erwachsenen, dir dabei zu helfen.

Suche nach Aufführungsmöglichkeiten für deinen Film – z. B. in deiner Schule oder deinem Sportverein. Veranstalte eine Premiere, gestalte Filmplakate und lade alle ein, die dir beim Filmemachen geholfen haben.

Wettbewerbe und Festivals
Festivals und Wettbewerbe sind eine gute Möglichkeit, deinen Film einem Fachpublikum zu zeigen. In der Regel gewinnt der beste Film einen Preis. Die „Junge Filmszene im Bundesverband Jugend und Film e. V." bietet einen Überblick von Filmfestivals und ein Einreichportal. Dort kannst du deinen Film für mehrere Festivals auf einmal anmelden:
www.jungefilmszene.de
www.filmfestivals4u.net

Links
Noch mehr zum Thema Filmemachen kannst du auf diesen Internetseiten entdecken:

www.kinderfilmwelt.de
Diese Seite bietet zahlreiche Film- und Veranstaltungstipps sowie Videos und Informationen darüber, wie Filme gemacht werden und wer daran mitarbeitet.

www.planet-schule.de/dokmal/hier_gehts_los/
beschäftigt sich mit Doku-Formaten und gibt u. a. Tipps für eigene **Dokumentarfilme**.

www.klicksafe.de/fuer-kinder/
sagt dir, was im Internet erlaubt ist und was nicht. Außerdem gibt es interessante Links auf Internetseiten, auch zum Thema Film.

Wichtige Begriffe

Aufnahmeleiter
hilft beim Organisieren der Dreharbeiten und sorgt dafür, dass alles reibungslos abläuft.

Casting
Auswahl von Künstlern für eine bestimmte Aufgabe, z. B. das Vorsprechen von Schauspielern für eine Filmrolle.

Continuity
Mitarbeiter, der darauf achtet, dass in den verschiedenen Einstellungen und Szenen eines Films alles zusammenpasst.

Cutter oder auch **Editor**
Mitarbeiter, der den Film schneidet.

Dokumentarfilm
zeigt echte Menschen und was sie wirklich erleben.

Drehbuchautor
schreibt das Drehbuch, die Textvorlage für den Film.

Einstellung
Zum Drehen untergliedern → Regisseur und Kameramann eine Szene meist in mehrere Teile, die Einstellungen.

Exposé
Knappe Zusammenfassung der Geschichte, die im Film erzählt werden soll.

Fundus
Sammlung von Kostümen, Kulissen oder → Requisiten beim Film oder Theater.

Happy End
Glückliches Ende einer Geschichte.

Klappe
Kleine Tafel, auf der die wichtigsten Infos zu einer Filmaufnahme notiert werden; am oberen Rand können zwei Leisten aufeinandergeschlagen werden.

Location
Drehort, den es wirklich gibt, im Gegensatz zu einer Studiokulisse.

Maske
umfasst Schminke, Frisuren, Narben, angeklebte Nasen und ähnliche Veränderungen, um einem Schauspieler das Aussehen seiner Filmfigur zu geben; Aufgabe des Maskenbildners.

Produzent
hat die Gesamtleitung, kümmert sich um die Finanzierung des Films, wählt manchmal auch das Drehbuch aus und sucht in Rücksprache mit dem → Regisseur Schauspieler und Mitarbeiter aus.

Regieassistent
Mitarbeiter, der den → Regisseur unterstützt.

Regisseur
gestaltet den Film nach seinen Vorstellungen und leitet die Dreharbeiten.

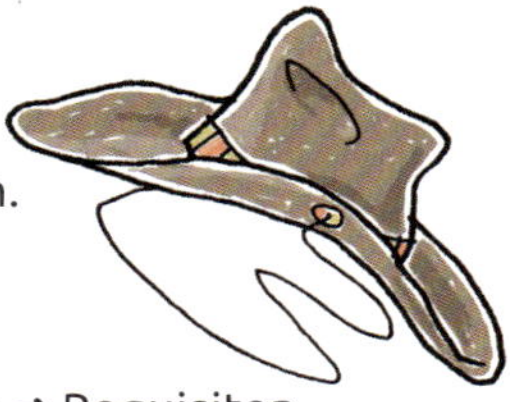

Requisiten
Gegenstände im Film.

Requisiteur
kümmert sich um die → Requisiten.

Schnitt
Im Schnitt wird der Film aus den einzelnen Videoschnipseln zusammengefügt.

Set
Der Platz an einem Drehort, an dem gefilmt wird.

Storyboard
Das Storyboard ist wie ein Comic gezeichnet und zeigt, welche → Einstellungen im fertigen Film aufeinanderfolgen sollen.

Szenenbildner
entwirft und gestaltet Orte und Räume, die im Film gezeigt werden.

Testvorführung
Vorführung des Films vor ausgewähltem Publikum, um die Reaktionen der Zuschauer zu testen, bevor der Film in die Kinos kommt.

Impressum

Hinweis:
Soweit in diesem Buch auf Internetseiten Dritter verwiesen wird, erfolgt dies ausschließlich als zusätzlicher Service. Für dort enthaltene Inhalte ist die Ravensburger Buchverlag GmbH nicht verantwortlich und macht sich diese Inhalte nicht zu eigen. Für Schäden, die im Zusammenhang mit dem Abruf von Internetseiten Dritter oder aus der Nutzung der Inhalte dieser Seiten entstehen, übernimmt die Ravensburger Buchverlag Otto Maier GmbH keine Haftung.

Drehschluss!
Dank an Dr. Anuschka Albertz, Franziska Kunze, Birgit Arteaga, Detlef Camp für wertvolle Tipps zu Kamera, Licht und Ton und besonders Marcus Olschewski für Regie-Fachwissen und viele gemeinsame Happy Ends. Danke!

FSC www.fsc.org MIX Aus verantwortungsvollen Quellen FSC® C114500

Bibliografische Information der Deutschen Nationalbibliothek:
Die Deutsche Nationalbibliothek verzeichnet diese Publikation in der Deutschen Nationalbibliografie. Detaillierte bibliografische Daten sind im Internet über http://dnb.d-nb.de abrufbar.

3 2 1 C B A
© 2015 Ravensburger Buchverlag Otto Maier GmbH, Postfach 1860, 88188 Ravensburg

Alle Rechte, auch die des auszugsweisen Nachdrucks, der fotomechanischen Wiedergabe und der Übersetzung, vorbehalten.

Text: Barbara Iland-Olschewski
Illustrationen: Claas Janssen
Coverdesign: dieBeamten.de / Anja Langenbacher und Reinhard Raich unter Verwendung von folgenden Fotos: fotolia.com/frenzelll (Skater), ASK-Fotografie (Tastatur, Bildschirm), tayindigo (Kamera), bepsphot (Klappe) und istockphoto.com/Rakdee (Icons Cover und Innenteil)
Satz: Weiß-Freiburg GmbH – Graphik & Buchgestaltung

ISBN 978-3-473-55421-8

www.ravensburger.de

Ebenfalls erhältlich:
André Kussmaul: Dreh deinen Film. Trickfilm
ISBN 978-3-473-55422-5